逆生长 慢生活

花卉黏土家饰生活

方佩玲 著

农村读物出版社

图书在版编目（CIP）数据

花卉黏土家饰生活 / 方佩玲著. — 北京：农村读物出版社，2012.3
（逆生长慢生活）
ISBN 978-7-5048-5571-8

Ⅰ. ①花… Ⅱ. ①方… Ⅲ. ①人造花卉－手工艺品－制作 Ⅳ. ①TS938.1

中国版本图书馆CIP数据核字(2012)第033465号

著作权合同登记号：图字01-2011-7489号

策划编辑 黄 曦
责任编辑 黄 曦
设计制作 北京朗威图书设计
出　　版 农村读物出版社（北京市朝阳区麦子店街18号　100125）
发　　行 新华书店北京发行所
印　　刷 北京三益印刷有限公司
开　　本 787mm×1092mm　1/24
印　　张 5
字　　数 120千
版　　次 2012年3月第1版　2012年3月北京第1次印刷
定　　价 26.00元

（凡本版图书出现印刷、装订错误，请向出版社发行部调换）

作者序

入行已近20年，1983年创立面包花与纸黏土艺品推展协会，这一路要感谢曾经共事过的老师们。总有人问我，为什么不出书？“缘分未到”一直是答案。这次真的要出书了，这都要谢谢“媒人”瑞娟、“证婚人”义馨、“主婚人”教育之友，作品终于要“嫁”出去了。

从小对手艺就很有兴趣，却从没想过会成为专业老师。把家布置得美轮美奂是心愿，依此方向，这些年将面包花与家饰结合是趋势，也替黏土创造出另一片天，更为平淡无奇的家饰用品增添了生命力与艺术感。

黏土对我而言，不只是工作，更是生活乐趣，在花的世界里，我找到人生目标，尤其在不景气的时代，一技之长更受大众瞩目。“阅读”与“逛街”对于创作作品来说，是很重要的灵感来源，可刺激自我创造力，提升生活动力。

人生总无法十全十美，在无助、彷徨时，感谢身边的朋友、学生、家人，当然最重要是在结婚20多年后，会说“就算没有了全世界，只要还有我就够了”的老公。

人因梦想而伟大，手工艺的成就正是我的梦想，我正朝着梦想一步一步实现，你呢？是否有着想要追求的目标？或者正困惑着想要追求的是什么？不如，和我一起融入这美丽“国度”，说不定你会爱上它。

黏土成就一生、努力造就一切

方佩玲

contents 目录

基本工具介绍

材料

心型盒

花纸

树纹片

镜子、木门把

黑珠珠（动物眼睛）

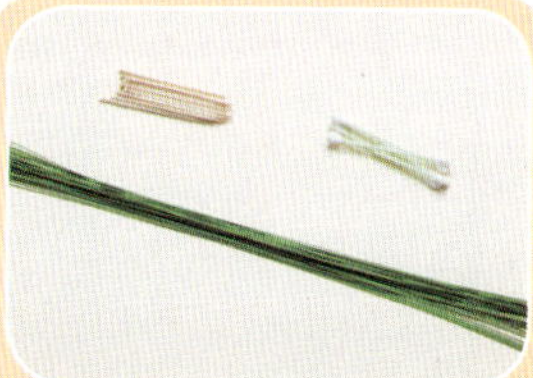

铁丝

面纸盒

花蕊

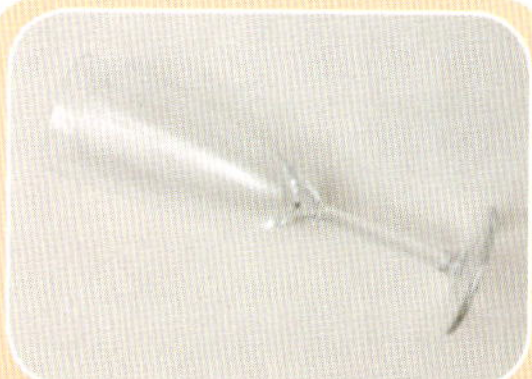

花瓶

名片夹、便条夹

配件、胸针、磁铁、弹簧

保丽龙球

瓷盘

工具

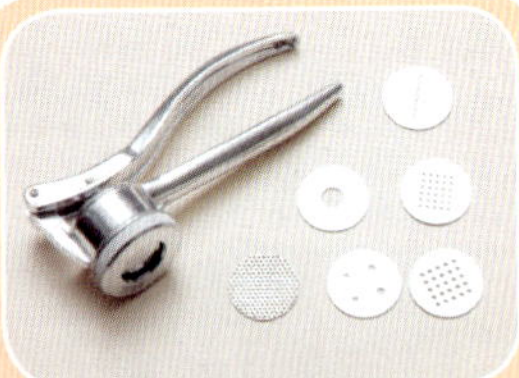

压发器

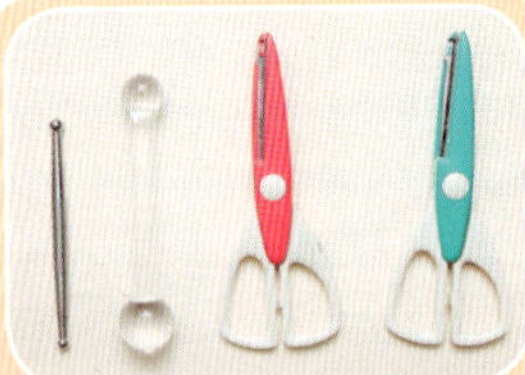

花边剪刀、大小丸棒

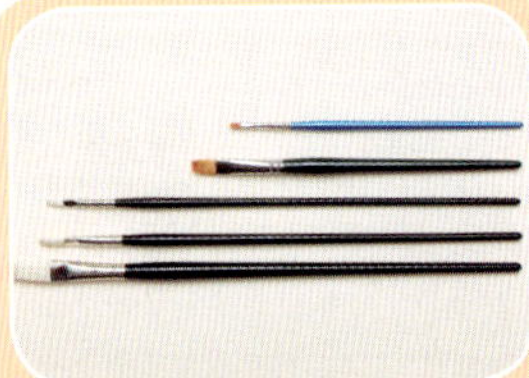

油画笔

压盘

海绵、胶带

大小英文数字模具

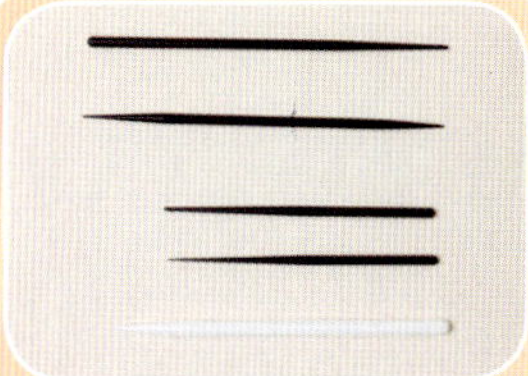

塑花工具

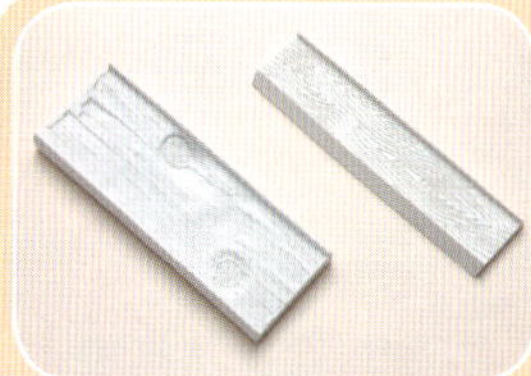

木纹模

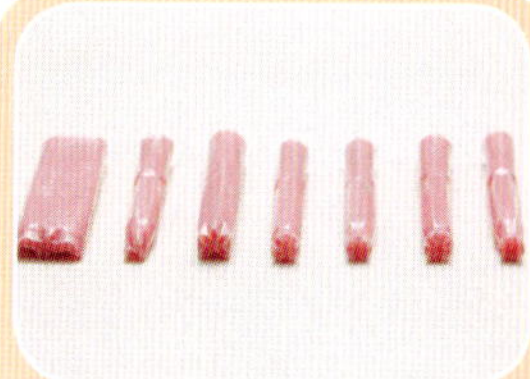

印花模

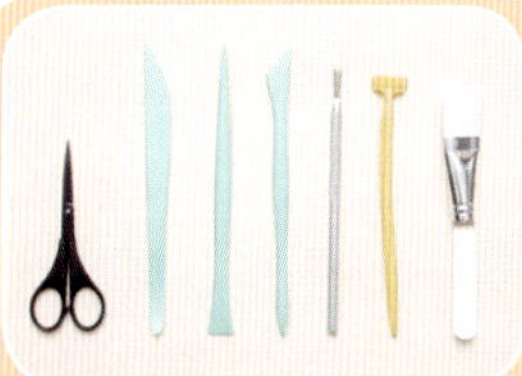

剪刀、黏土工具、刷子

叶模

印花布

圆滚棒

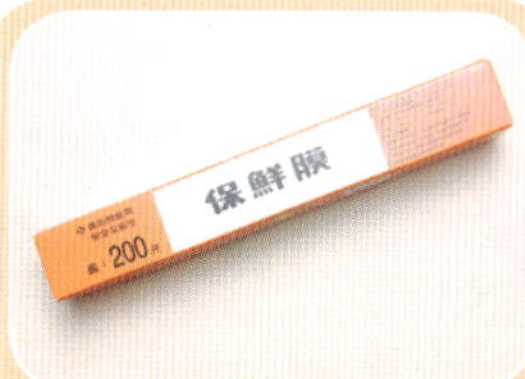

保鲜膜

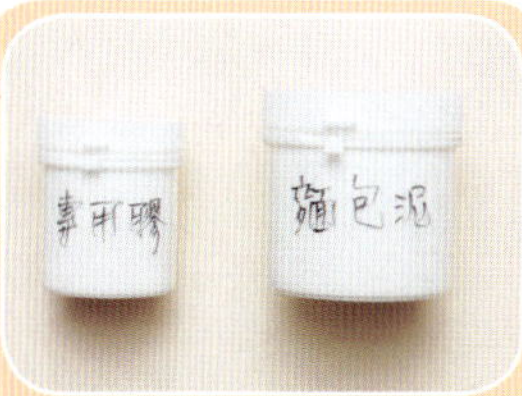

专用胶、面包泥

金、银压克力

压克力

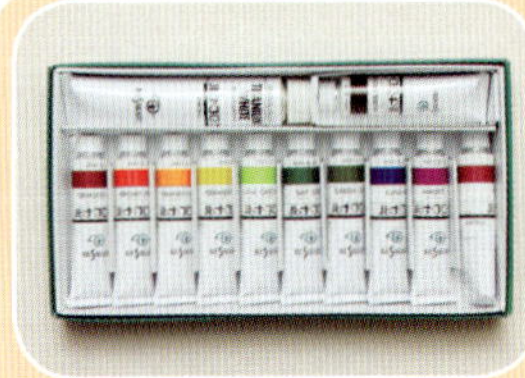
专用油彩

土

树脂黏土

金、银树脂土

轻质白土

轻质色土

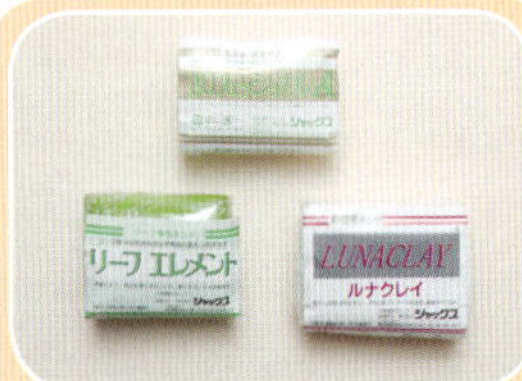

红绿标白土、绿土

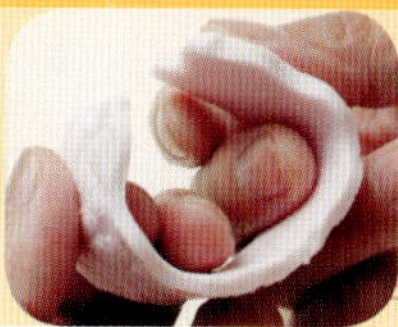

基本技法示范

圆水滴花型

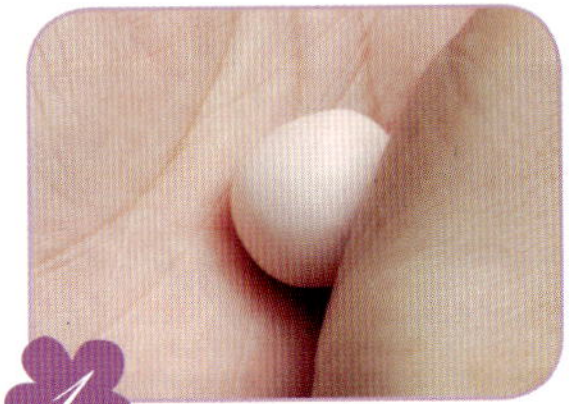

1 用双手将黏土搓成圆型。

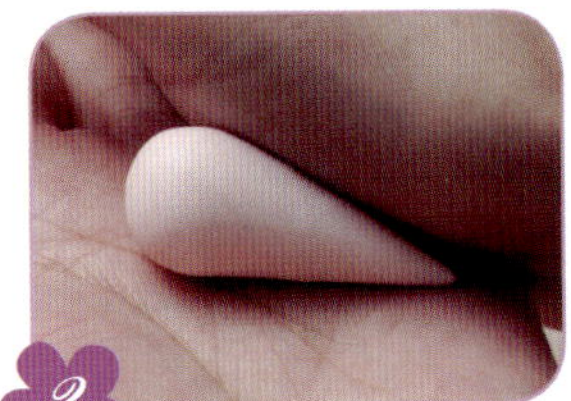

2 利用手掌内侧，搓成胖水滴状。

3 将黏土剪成4等分。

4 以圆头工具，将土擀开。

5 花瓣边缘需擀薄，完成花朵基本型。

尖水滴花型

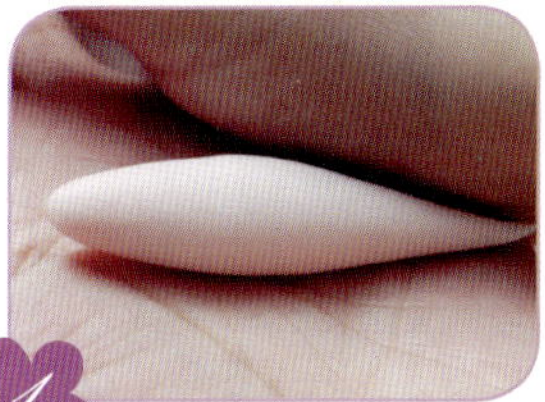

1 双手将黏土搓成2头尖的细长水滴型。

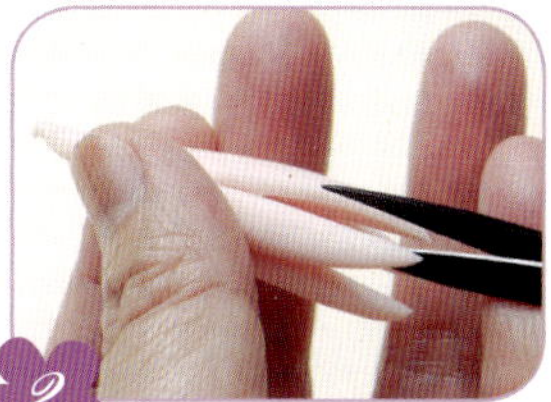

2 将黏土剪成4等分。

3 以圆头工具，将土擀开，不同的水滴状，擀出的花瓣形状不一样。

餐巾环

1 在上列第5步骤，将土剪成所需圈的宽度，土要稍有厚度，不要太薄。

2 将黏土蘸胶黏合，塑成圆型或圆扁型待干，即可成为环状基本型。

花纹应用法—名片架

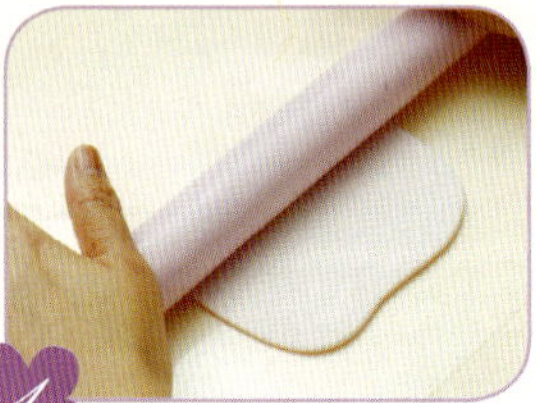

1 用圆滚棒将黏土放于公文夹上擀平。

2 取花纹塑胶布，将花纹立体面朝上，擀出纹路。

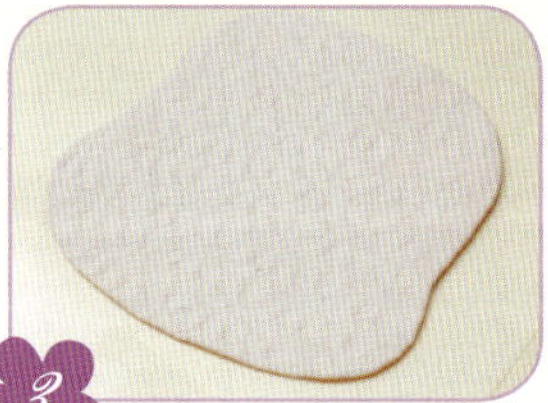

3 使用不同的纹路，黏土即会呈现不同花纹。

4 花边尺，可将黏土压出花边。

5 或用花边剪刀剪出波浪。

6 剪好形状，以手加以调整，即成名片架，待干备用。

字体印法

1 黏土需有厚度，字体才会呈现立体状。

2 压模型时，需左右摇动，字型较易取出。

3 黏土可用单色，或调出渐变色，以营造不同的效果。

亚克力上色法

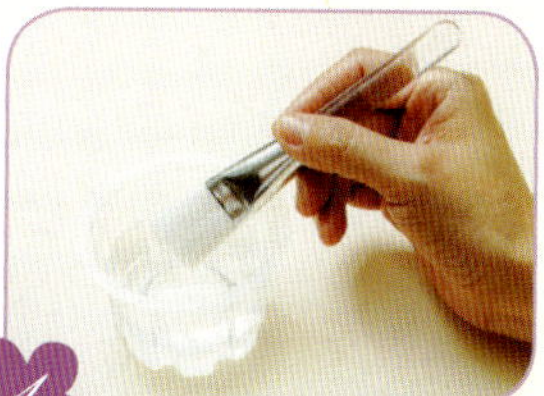

1 以大平笔蘸少许水(水分不要太多)。

2 再以笔边蘸所需颜料。

3 刷出渐层效果。

叶子作法

1 以双手将土搓成圆型。

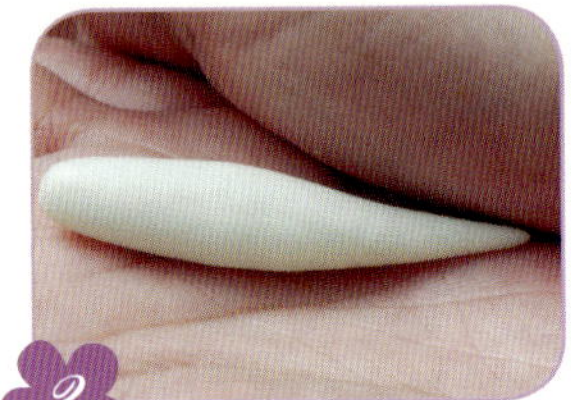

2 再快速搓成细头水滴状。

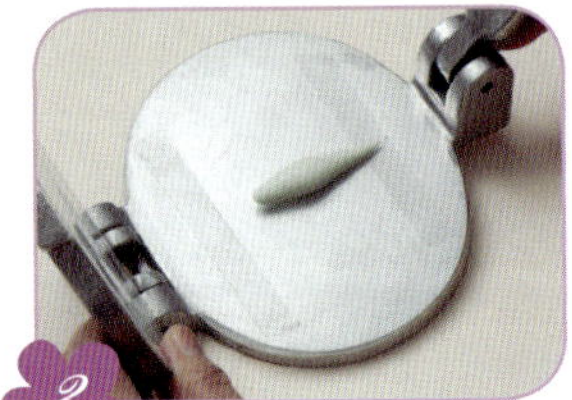

3 将土放置于压盘中。

4 用压盘轻压出所需黏土的厚薄度。

5 压出所需叶型。

6 放于叶模上，以拇指压出叶纹。

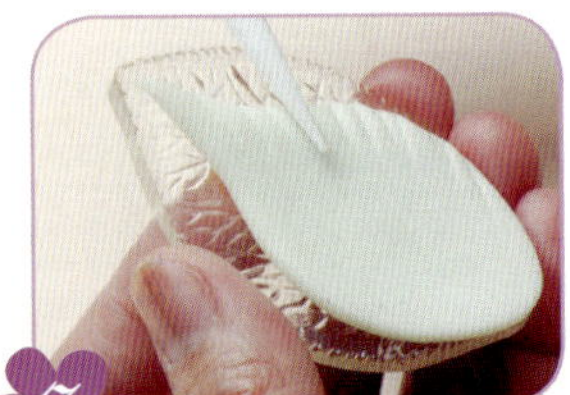

7 并用工具划出纹路。

8 即可成为较自然的叶子。

9 叶子正面，亦可轻压出局部弧度。

玻璃打雾法（有色）

1 面包泥中加入少许油彩（不能加压克力，会呈现出不透明）。

2 以海绵蘸取后，轻拍容器。

3 待干，颜色会加深。

玻璃打雾法（无色）

1 以海绵蘸面包泥轻拍容器。

2 待干呈雾面效果。

成品篇

波斯菊·挂牌

那楚楚动人的模样，其实有着强韧的生命力，就像情窦初开的少女，羞涩中却又带点期待，相信爱情会在阳光洒下时，到来。

▶▶ 波斯菊参考作法：P58

菊花·时钟

柔和的线条、粉嫩的花朵，让人随时都能感受到明亮的气息和热情的希望。在时钟“滴答、滴答”的回应下，神采奕奕地迎接充满活力的每一天。

▶▶ 菊花参考作法：P60

向日葵·糖罐

亮丽鲜黄色的向日葵，集活力与热情于一身，时时散发着灿烂的光芒，让人不禁也想用向日葵种子及微笑收集阳光。

▶▶ 向日葵参考作法：P103

手压花·玻璃杯

水滴状的花瓣，有着如菊花般的花型，小巧而清新。不须繁复的做法，就能展现花朵的淡丽清雅。环绕在杯身，用另一种醉人的姿态上场，更展现出独特风情。

▶▶ 手压花参考作法：P82

手推花・门片

依喜好与力道推出不同大小的花瓣与叶片，再依序组合成一朵美丽的花朵，挂在门把上，镶上珍珠，更能显现其优雅的气质。

▶▶ 手推花参考作法：P63

变形玫瑰·花架

刷白的锻铁挂式花架，贴印着华丽的纸花，散发出典雅又不失浪漫的气息。而一朵朵变形的玫瑰，顺着纸花盛开出来，调皮又惹人喜爱。

▶▶ 变形玫瑰参考作法：P96

玫瑰花与爱情鸟

象征爱情的玫瑰，一朵朵的绽放着，散发出幸福的芳香，而在枝头轻声低语的爱情鸟，更唱起甜蜜的歌曲，让心情也随之走入幸福的国度，一同感受喜悦 。

▶▶ 大玫瑰参考作法：P88

小玫瑰·心型盒

时而娇羞，时而显现浪漫气质的玫瑰，总是能俘获女性朋友的心。一朵朵高雅的粉色多情玫瑰，在珍珠的衬托下，更流露出唯美的浪漫风情，用它来收集爱情，刚刚好！

▶▶ 小玫瑰参考作法：P90

牵牛花·花饰

一朵花，短暂的生命期。为了好好把握这短暂的时光，我要热热闹闹地欢喜盛开，展现出平凡却又能自得其乐的特性！

▶▶ 牵牛花参考作法：P72

玲兰花·灯饰

在欧洲有着“获得幸福”含义的玲兰，清新可人又带着点春天气息悬挂在藤蔓上，风一吹，似乎都能听到它发出清脆的铃声，闻到弥漫在空气中的甜美花香。

▶▶ 玲兰花参考作法：P93

海芋·花器

清新脱俗简单的花型，却也能散发出典雅的魅力。而出淤泥而不染的花朵及挺拔修长的花茎，更显露出不凡的气质与青春的活力。

▶▶ 海芋参考作法：P66

陆莲·花架

层层叠叠的花瓣，盛开时又似迷你的牡丹花，却喜欢在冷冷的冬天里，大展花颜。在垂吊式的串珠及锻铁花架衬托下，更显得雍容华贵。

▶▶ 陆莲参考作法：P106

百合花·花瓶

传说，由夏娃眼泪变成的百合，有着沌洁、清新之意。花朵盛开时，总能远远散发淡淡的清香，令人难忘。而百合百合百年好合，这深深的祝福，要你记得。

▶ 百合参考作法：P99

紫藤·高脚杯

如风铃般的紫藤花，悄悄绽放在3月的初春，成串的花朵随风飘动，散发出柔美的芳香，当缤纷飘落的紫雨撒满一身时，那是人生最幸福的时刻！

▶▶ 紫藤参考作法：P104

梅花·小盆栽

执拗地在寒冷季节里开满山头的梅花，淡淡地散发出芬芳。虽有其坚忍、亮洁又不与人争艳的傲气，却仍绽放满枝桠，让人感受到它热情与开朗的另一面。

▶▶ 梅花参考作法：P75

三色堇·提篮盖

▶▶ 三色堇参考作法：P69

身形娇小的花朵，像那翩翩起舞的蝴蝶花，让人心情也跟着明媚起来，收到这种花的人，也有被祝福的意思哦！

草莓·小花篮

初春的草莓鲜红亮眼，搭配白色的花朵，甜蜜又讨喜。而酸酸甜甜的滋味，更是爱情的最佳代言人。现在要用实际行动做一盆草莓。留住春天，也留住爱情。

▶▶ 草莓参考作法：P85

樱桃·盘饰

集时尚与可爱于一身的樱桃，红澄澄、饱满到要溢出甜汁的模样，总是能吸引众人的目光和喜爱。在阳光满满的夏日午后，我想来上一大盘樱桃，好好甜甜嘴。

▶▶ 樱桃参考作法：P78

花精灵

▶▶ 花精灵参考作法：P116

传说中，每一朵花里都住着一位可爱的花精灵守护者，她们快乐、自在地在花间嬉戏着，尽责地让百花依序绽放，好妆点世界的缤纷。这回我要让花精灵用不同的面貌，落入凡间。

欣赏篇

手推花·饰品

珠花·胸针

花 · 胸针

变形玫瑰·提篮

三色堇·壁架

苹果·WELCOME

圣诞红

幸福花圃 · 绣球花

浪漫花烛台

春漾花朵·餐巾环

虎头兰·秀丽盆花

手推花·水晶烛台

浪漫玫瑰情

花朵日历

太阳花 · 挂钟

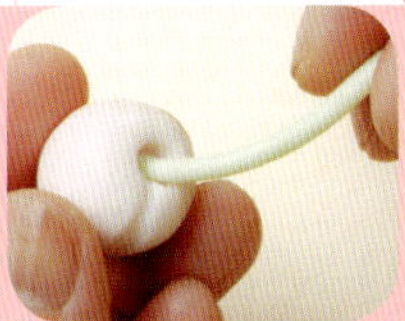

步骤示范篇

波斯菊

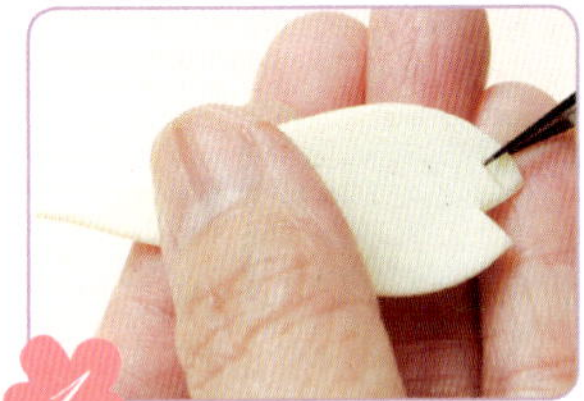

1 细长水滴压扁后，尾端中间剪 2 个缺角，当作花瓣，可依所需多做一些。

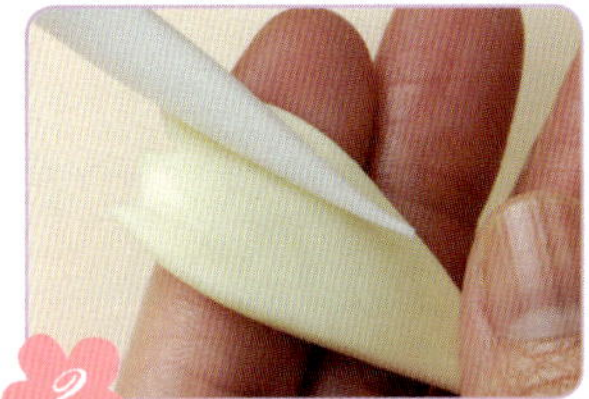

2 调整花瓣，再用工具压出花脉。

3 搓胖水滴，再以七本针挑出毛毛的效果，当作花心。

4 剪短花蕊，再沿着花心组合。记得花蕊须高于花心哦！

5 将 8 瓣花瓣沾白胶，再沿着花蕊外围组合。

6 做好的花朵，底部斜剪后排列贴于木片上。

7 挤出所需的油彩，并于文件夹上调色。

8 花朵上色时要依明暗面上深浅。深色是由内向外刷。

9 深浅色之间，再以干净的笔刷匀。

10 给花上色，需以土的底色为主色。

小提示

一朵波斯菊约需8片花瓣，做好花瓣时，等微干再黏，较不易变形。图上的英文是用模型压出来的。

菊花

1 黏土搓成水滴状，剪成8等分后，用工具擀薄花瓣，再轻压出纹路。

2 在花瓣尾端，剪一缺角。

3 缺角处，以圆头工具轻压，让花型自然，并调整花型。

4 搓粉绿色胖水滴，放入花型中间当作花心。

5 以工具圆端压出花心的凹处，再以细棒挑出毛边。

6 用海绵蘸面包泥，将玻璃均匀的打雾。

7 贴上剪好的花纸后，再拍一次面包泥，效果更佳。

8 决定好12点位置，即可以此为中心加上藤蔓装饰。

9 将做好的花、叶子与藤蔓组合，并调整位置。

10 组合机心与挂钩，要特别注意方向。

11 将机心套入玻璃的中心点，锁紧螺丝。

12 贴上数字，再组合时针、分针及秒针。

13 装上电池即完成。

小提示

在剪花瓣时，要将剪刀轻靠手指固定，这样会比较稳。

纸花的来源，可以依个人喜好，选择不同的图案，即使卡通人物也是不错的！

手推花

1 将门片均匀地涂上白胶。

2 利用纹路圆滚棒，将黏土压平及滚出所需花纹。

3 将压平的黏土平铺于门把片上。

4 在门片周围，利用水滴型的黏土，粘压出花边。

5 搓细条状的黏土，粘贴于门片的中心框，再用吸管压出纹路。

6 取少许黏土沾白胶，将一小撮花蕊与铁丝包起来固定。

7 用油彩将花蕊刷出所需颜色，并待干备用。

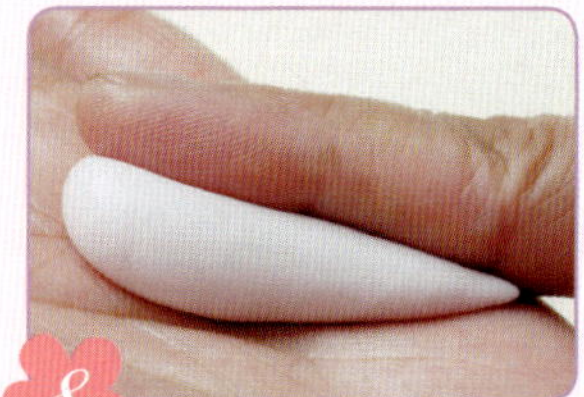

8 利用同色系的粉色黏土搓成胖水滴状，再以食指超过土的位置压下。

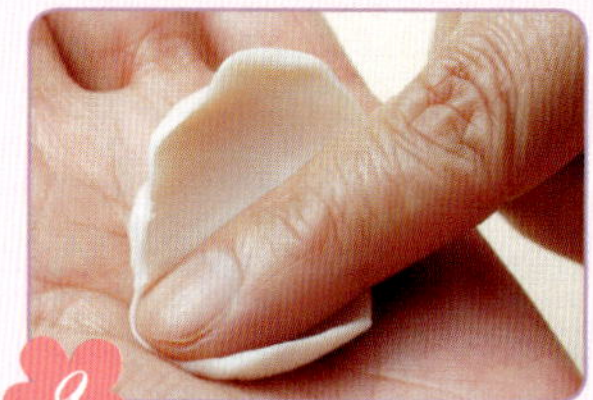

9 以食指指尖推开花瓣。

10 预先做好数个花瓣，由小至大，组合于花蕊的外围。

11 组合时，花瓣颜色要以双色交错，中间花瓣需向内包覆组合。

12 最外围的花瓣则需外翻，颜色一样双色交错。

13 将花粘于木片上，需以工具将花朵与木片上的黏土，紧压结合，即完成。

小提示

花蕊先上色，可避免花瓣组合好后，较不容易上色的情形，同时也不会沾污花瓣。

海芋

1 以双手搓出胖水滴，作为海芋的花心。

2 用7本针将花心挑出花蕊的形状。

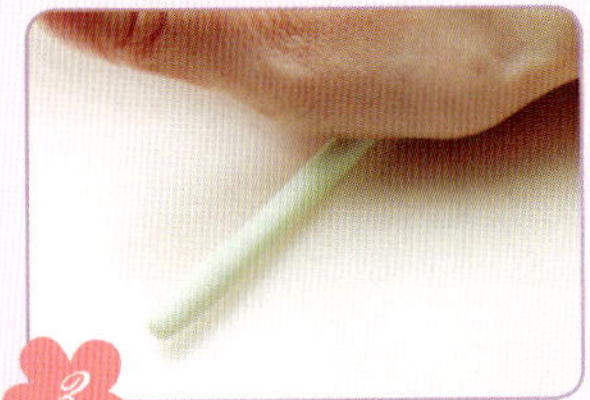

3 将粉绿色黏土搓成长条状，当作海芋的花茎。

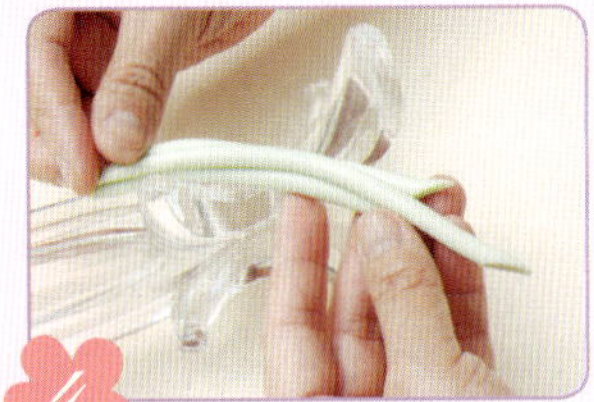

4 将搓好的花茎先行调整并组合，再黏贴于花器上。

5 将水滴状黏土压平后，再用圆擀棒压出所需的大小，做为海芋花瓣。

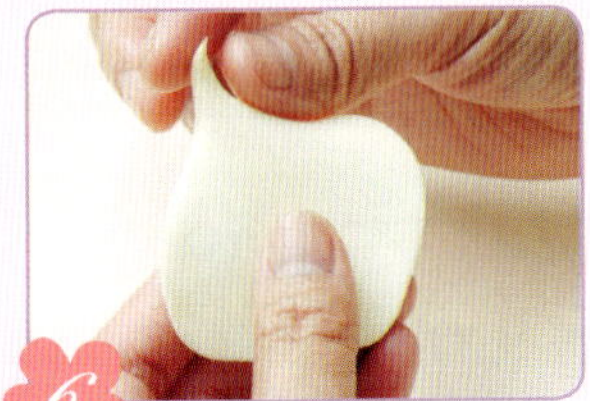

6 以拇指及食指，捏出花瓣的线条及弧度。

7 将花蕊粘于花瓣下方1/2处的中心位置。

8 如图用花瓣包住花蕊。

9 花朵完成后，底部需斜剪，以增加花的附着点。

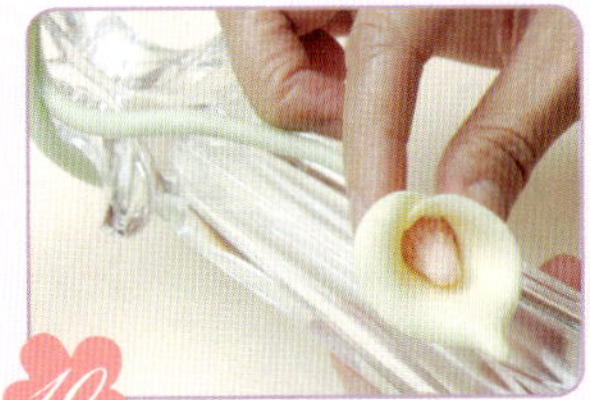

10 依花茎的线条，将花朵黏于适当的位置。

11 搓出上短下长的水滴状，再压平当作叶片。

12 将压平的长滴形黏土放在叶模上压出叶脉。

13 依摆放位置的不同，可将叶子稍加修剪。

14 调整与花朵的位子，即完成。

小提示

制作花心的胖水滴与花瓣压出的面积，都能决定花朵的大小，尽量让二者紧密结合，可在花瓣的重叠处再调整一次大小。

三色堇

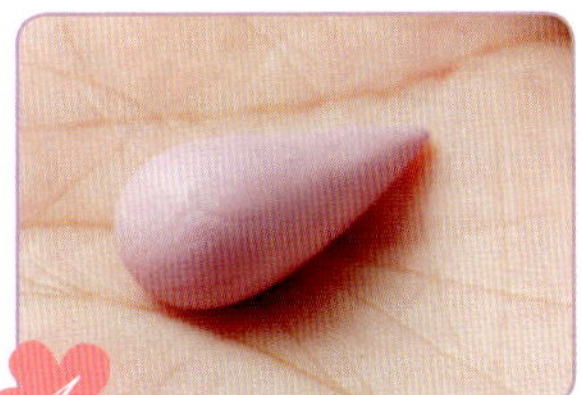

1 将紫色土搓成胖水滴状。

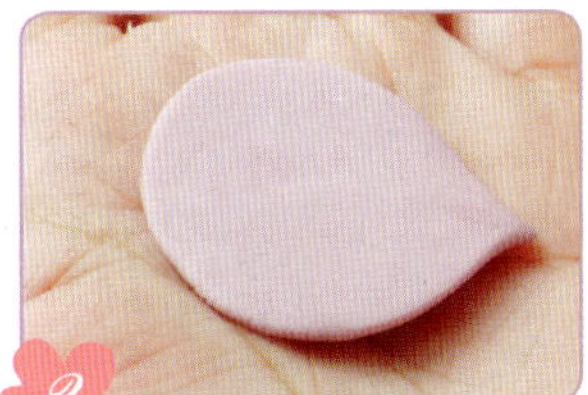

2 将胖水滴均匀地压成扁平面。

3 用工具将边缘压薄并压出放射状纹路，做成花瓣。

4 将花瓣尾端对合后，再用工具修出弧度。

5 再加上第2层花瓣。

6 再加上第3层花瓣，结合时可利用工具整型。

7 搓一小水滴，放入中心位置作为花心。

8 再利用工具，在花心上压出弧度。

9 淡绿色土搓细长型水滴，作为叶子。

10 用叶模压出叶纹后，再用工具加强划出效果。

11 木板以压克力颜料，采取浅层的方式上色。

12 海绵沾湿，轻拍上一层面包泥。

13 贴上花纸，排列所需图型，再拍一层面包泥，待干。

14 最后做出藤蔓，并将叶子与花朵组合即完成。

小提示

三色堇的花朵颜色，可连用油彩加强花朵的暗面，让花朵更有立体感。

牵牛花

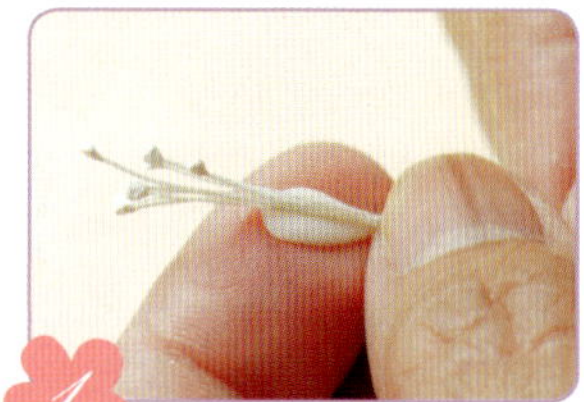

1 将细铁线蘸胶捆上约3～5支花蕊，再用少许黏土包覆起来。

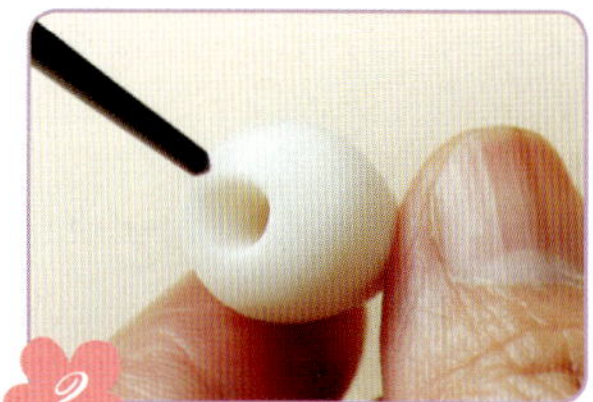

2 将黏土搓出胖水滴状，并用工具在中间挖出洞。

3 工具顺着黏土周围，往外出漏斗状。

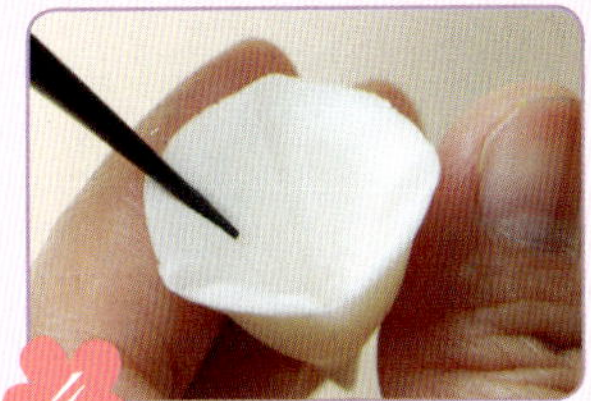

4 再用细工具，压出5条明显的线条。

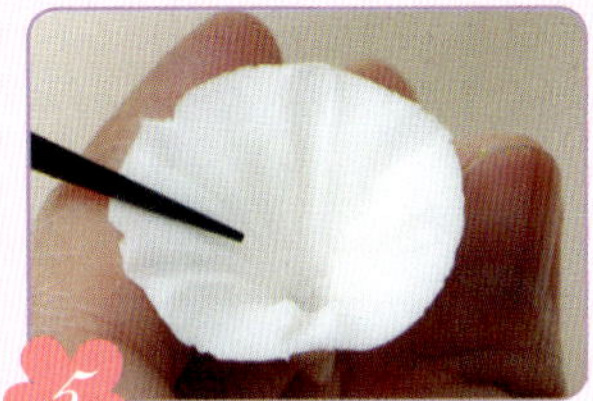

5 利用工具在线条与线条间，将边缘擀出波浪状。

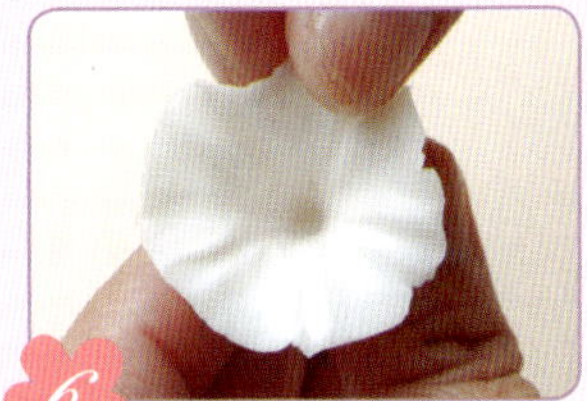

6 可以再利用拇指及食指，加强波浪的卷度。

7 将做好的花瓣套入第1步骤的花蕊，并捏紧结合。

8 将绿色的黏土擀平，做成叶状，共需做2片。

9 将铁丝沾胶，放于一侧边，再叠上另一片叶片。

10 叶片可放于压模上，压出花纹，再依花朵的大小，剪出所需叶型。

11 绿色土搓出两头尖的长水滴，对折成为花托。

12 依上述步骤，做出第2个花托，共需做5个。

13

油彩笔蘸油彩，慢慢涂上所需要的颜色。（注意花的干净度）

14

将绿色花艺胶带，剪成1/2宽。

15

将花及叶子以胶带组合成串，即完成。

梅花

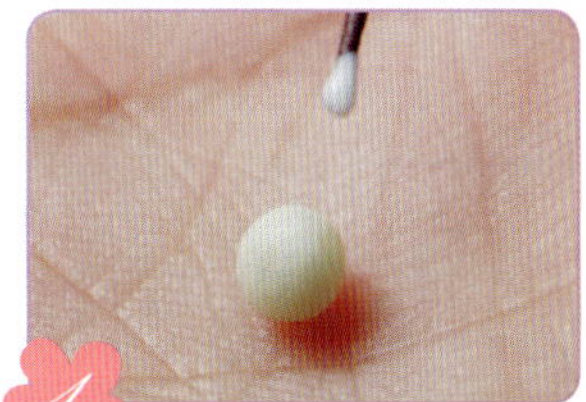

1 搓成小圆土，再将铁丝蘸白胶插入，当花苞。

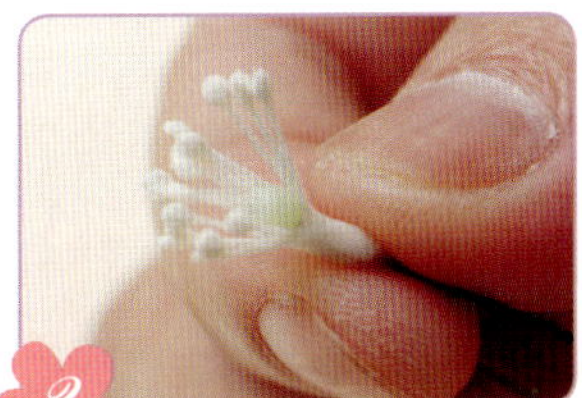

2 将数只花蕊对折后，用些许土连同铁丝一起包覆。

3 搓一长水滴，剪成5等分。

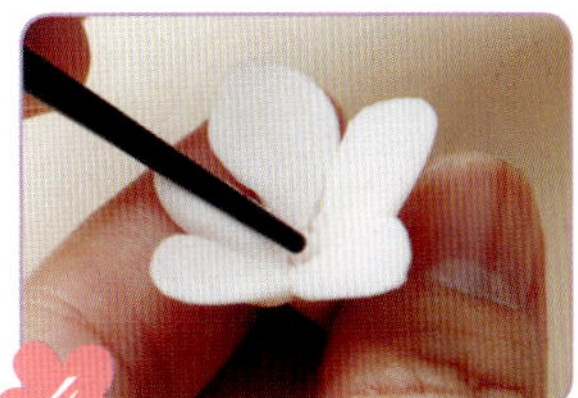

4 接着用工具将花瓣压开。

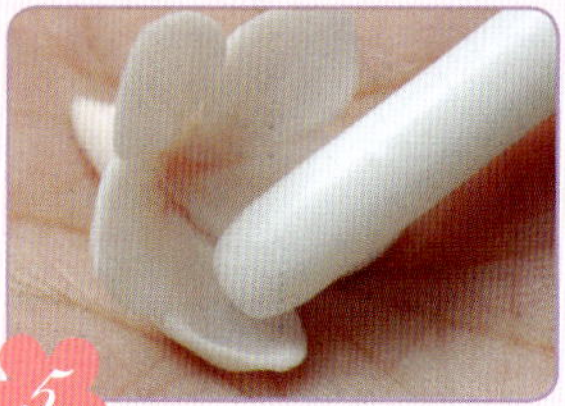

5 用白棒工具的圆头，再压出花瓣的弧度。

6 将步骤2的蕊心由上往下插入花朵中。

7 再用剪刀剪掉花朵底部多余的土。

8 用少许咖啡色土以制作花瓣的方式，做出花托，套入花朵的底部。

9 再取轻土搓成水滴状，剪成5等分，用工具擀开压平。

10 轻轻转动花瓣，让花成微开状。

11 将铁丝蘸白胶套入。

12 同步骤 8，须套入花托。

13 用1/3的咖啡色花艺胶带，将花苞与叶子缠绕组合。

14 再依序组合大小朵梅花，让树枝更丰富。

樱桃

1 粉红色土搓成圆型，以工具压出中心点，作为蒂头的位置。

2 用工具由外朝内轻压，压出果肉的弧度。

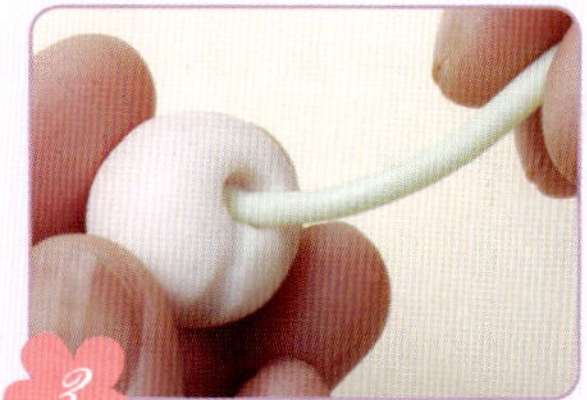

3 利用工具挖出樱桃深度，再加上绿色土搓成细条状的樱桃茎。

4 绿色土搓成 2 条粗细不一的藤蔓，交叉相绕。

5 将有樱桃图案的纸型用面包泥压好盘面后，摆上步骤 4 的藤蔓。

6 做好不同大小的樱桃，置于画面的空隙间。

7 将樱桃及叶片，以不规则的排列顺序组合，画面会较为生动。

8 樱桃先以黄色油彩刷底色。

9 再以红色油彩上暗面。

10 用干净的笔刷，将两色混合刷匀。

11 最后刷上白色油彩，增加亮面。

12 叶子同样也以绿色油彩刷出明暗面。

13 叶尾再刷出亮面，并在局部做效果即可。

手压花

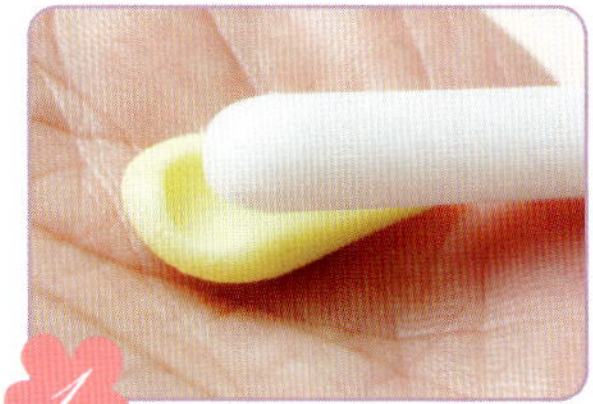

1 将土搓成长水滴，以白棒的圆头压出弧度。利用同色系的粉土做出约25瓣的花瓣。

2 用少许土搓一小圆再压平。

3 将做好的花瓣，沾白胶粘于小圆上。

4 以深、浅色交错的花瓣，分别组合。

5 再剪些许小段花蕊插入，最后搓一小半圆当花心贴上。

6 花瓣的弧度呈现面不同，所展现的花型也不同。

7 花瓣向内弯的花型，与上述步骤相同，只是贴面不同而已。

8 轻土搓成水滴状，剪成8等分，用工具擀开，并做出弧度，当作花苞。

9 将弧度做好的花苞，稍微调整姿态。

10 双头尖的水滴绿土压平后，用叶模印出叶脉。

11 再以剪刀剪出所需叶型。

12 叶子正面，再以工具压出叶络。

13 将花朵与叶子蘸白胶先组合于容器上。

14 最后再加上花苞，即完成。

草莓

1 绿色土搓成2条细长条状，再交叉绕成麻花型。

2 将绕好的麻花土蘸上白胶，沿着镜子的边缘绕贴。

3 轻土搓成圆头的胖水滴，再塑成草莓形状。

4 以工具压出草莓表面的凹点效果。

5 轻土搓长条当草莓茎，再将草莓蘸上白胶加以固定。

6 用叶模压出叶片，再以工具加强毛边效果，并做出不同大小的叶片。

7 将大小叶子组合于草莓茎上。

8 轻土搓成水滴状，剪成5等分，再以工具擀开。

9 用工具将花瓣压薄，并擀成圆弧形。

10 修整好的花型，需将底部多余的土修剪平整。

11 将完成的花朵，置放于草莓叶堆的中间。

12 以少许淡绿土搓细成2头尖的细长水滴，剪成6等分。

13 放入花心中间当成花蕊，即完成组合，最后再帮草莓上色即可。

小提示

分别制作的草莓、叶子及草莓花可多做几个，再随自己喜好拼贴。

大玫瑰

1 黄色土搓成大水滴压平，再以工具擀边做弧形。

2 将花瓣依中心点成45°卷起，当作花心。

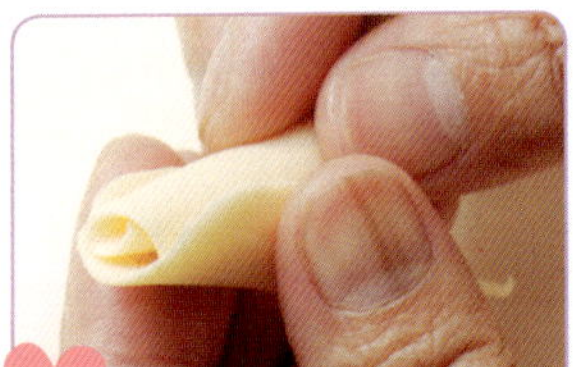

3 再黏小花瓣，需和花心等高。调出花朵的姿态。

4 将不同大小的花瓣，由小至大的组合。

5 绿色土搓成细长条，调整姿态黏于面纸盒上，再贴上叶子，若叶子要斜贴，需稍侧剪。

6 大小叶片，可按图型黏贴。

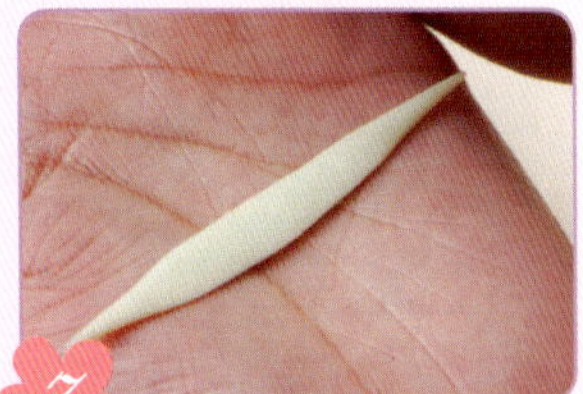

7 绿色土搓成2头细长型，压平对剪，成2个花托。

8 花托尖处，斜剪2、3个芽口。

9 5个花托，黏于花朵底部。

10 将花朵侧黏于适当位置，最后再补上叶片即完成。

小提示

花瓣的数量，决定花朵的大小。而叶片的大小，可依花朵做调整，有大、有小，若将叶子再依成长的方向做些弧度的变化，花朵当然会更生动。

小玫瑰

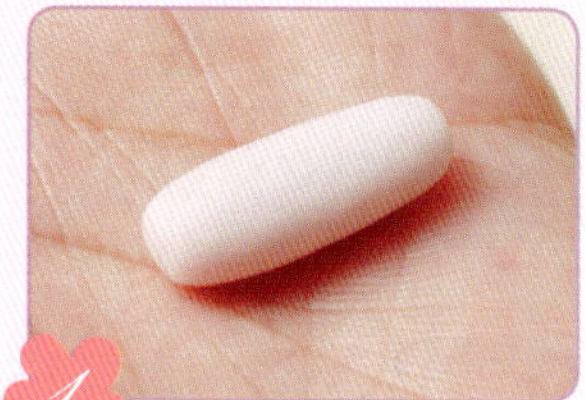

1 粉红土搓成小圆柱状。

2 将土压平后，利用圆头工具将土擀成扇型。（工具必须超过土的面积）

3 慢慢地向内卷起，当成花心的部分。

4 将细长型水滴压平后，做第 2 层花瓣（2片）。

5 将第 2 层的花瓣沾少许白胶，黏于花心上。

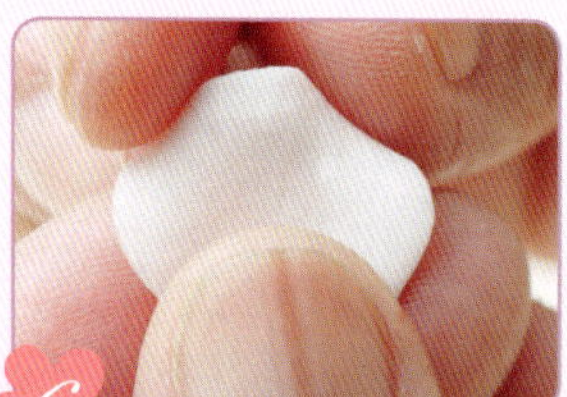

6 依第 2 步骤做一花瓣，但外围两侧边，利用食指和拇指稍微外翻。

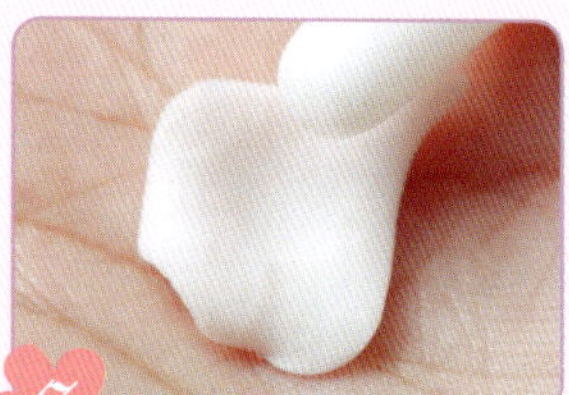

7 再用圆头工具，在中心位压出凹处，共需做出 8 片花瓣。

8 将花瓣黏于步骤 5 的花心上。

9 依内 3 瓣、外 5 瓣，组合成玫瑰花型。

10 完成后，将底部多余的黏土剪平。

11 做出线条及叶子，即可组合。

小提示

擀花瓣时，圆头工具需超过土面，才能平均地将土压平。最后，将花朵的底部剪平，主要是方便组合于任何器具上。

铃兰花

1 利用印花塑胶布，将黏土压出纹路，再用工具裁出花边。

2 用圆珠笔头压小洞，做出效果。

3 用大小吸管压出不同大小的洞，可增加透光性和趣味性。

4 选择适当位置，将黏土贴于灯饰的一角。

5 亦可用利用不同模型压出不同形状。

6 将压好图形的黏土，贴于灯饰的另一角，也别有一番趣味。

7 白色土搓成尖头水滴状，稍微压扁，尖端以剪刀在中间剪1/3深。

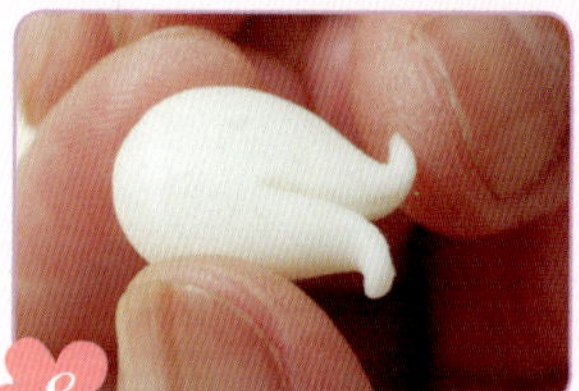

8 将尖头两侧，以手指稍加外翻。

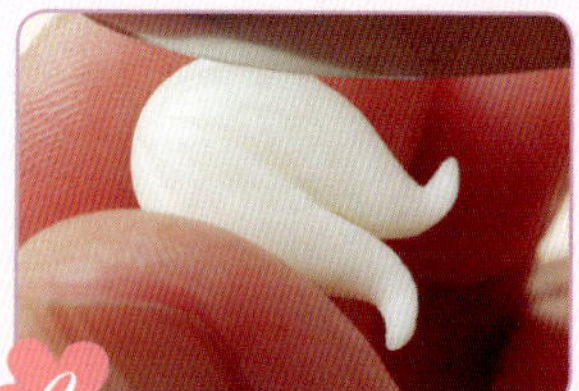

9 以弯刀划出纹路，以加深花朵线条。

10 绿色土搓细长条做花茎，拉出线条黏于灯饰上。

11 绿色土搓些不同细长的细小花茎，再依序排列。

12 将花朵平贴在小花茎上，再加上花蕊。

13 最后加上叶子，调整花型，即完成。

小提示

别忘了，利用油彩将花朵上色哦！

变形玫瑰

1 铁制提篮，以湿海绵蘸面包泥，轻拍。

2 将花纸剪出所需的花朵及叶子。

3 把剪下的花朵，分别贴于提篮上。

4 构图完成以后，再次拍上面包泥。（需拍厚些，要感觉不出纸张）

5 绿色土搓成细长条，贴于提篮上，作为花茎。

6 粉色土搓成胖水滴，剪成5等分，再用工具擀成5片的花瓣。

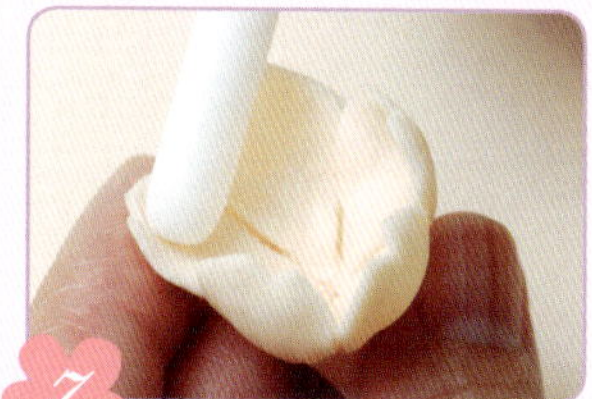

7 调整花瓣后，以圆头工具压出弧度，做出一朵开5分的花。

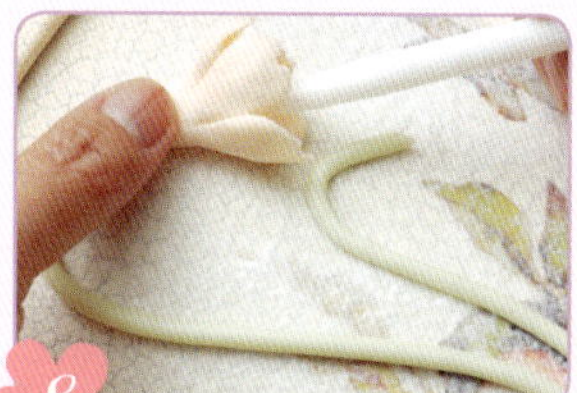

8 将做好的5分花沾白胶，与花茎组合。

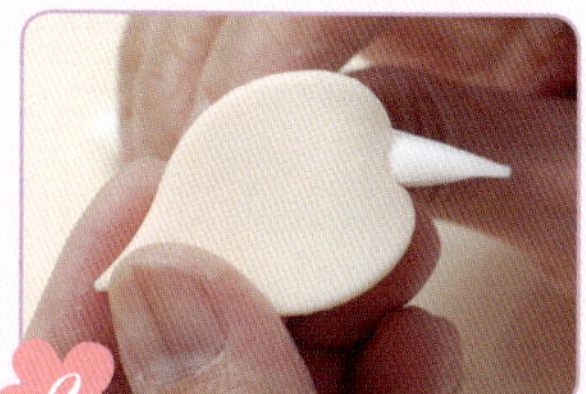

9 粉色土搓成胖水滴状，然后压平，在底部的圆胖处以白棒压出一缺角。

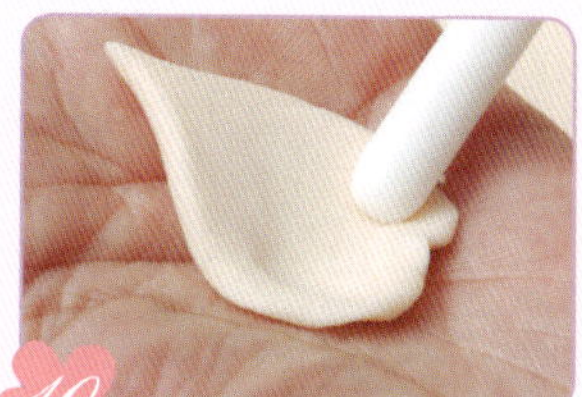

10 黏土置于掌心处，再以圆头工具压出花瓣弧度，做5瓣待用。

11 组合花瓣时，先以2瓣花瓣重叠。

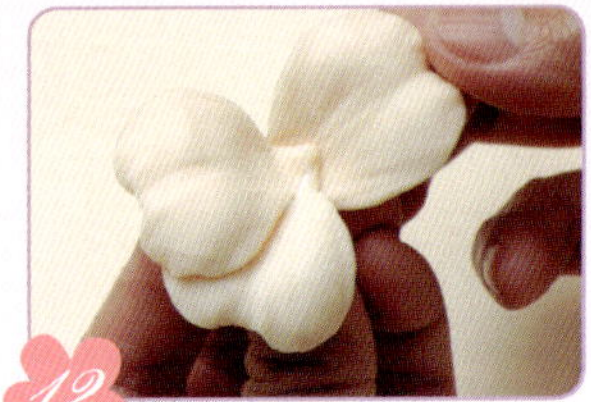

12 第3片花瓣，置于2瓣花瓣的对角。

13 另2瓣花瓣，再置于3瓣的空隙处。

14 握紧组合好的花瓣，再以圆头工具压出花朵中心的深度。

15 取一小块黏土贴上当作花心，并以工具挑出花蕊效果。

16 将制作好的花朵，组合于提篮上，再上油彩以增加花的鲜艳度。

百合花

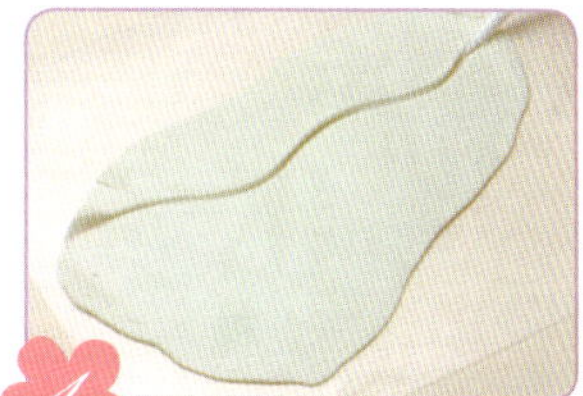

将轻土放入透明匣内擀平，再用工具切出不规则状。

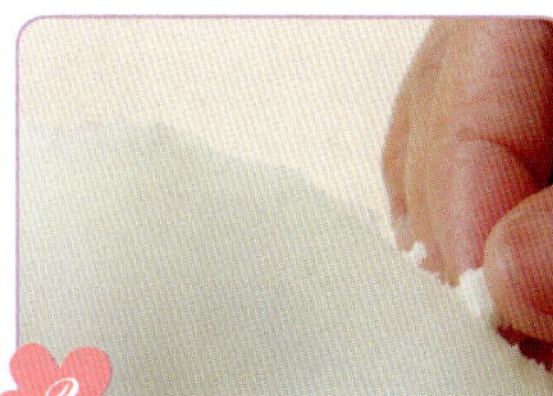

取所需的面积，用拇指与食指将土的边缘撕成毛状。

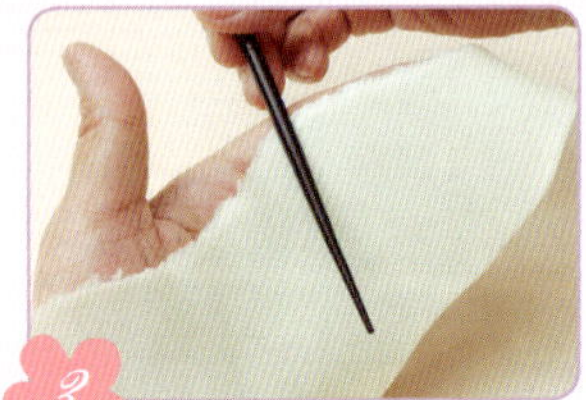

3 再以工具将毛边擀平、薄。

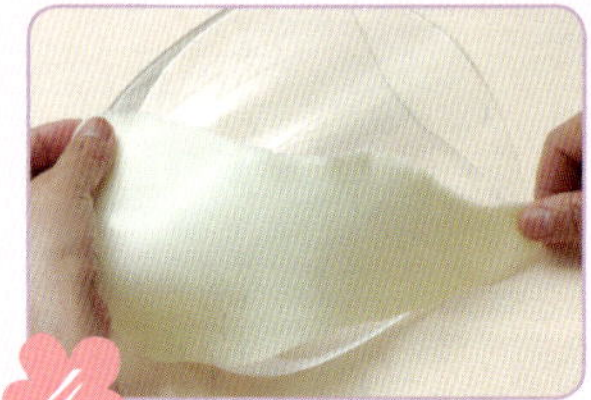

4 蘸上白胶，贴于花器上。

5 可做出双色深浅的效果。

6 轻土搓成双头尖水滴后压扁，用工具左右两旁各划出弧线。

7 两边挑出小点点的效果。

8 共做6片花瓣，先用3片花瓣组合成内层。

9 另3瓣介于内层空隙处，贴合成外层。

10 握紧花瓣，再以工具在花瓣中间压出深度。

11 轻土搓成 2 头尖微胖的水滴长型。

12 用手指于中间胖胖的地方压出略呈三角形的形状，当作花苞。

13 三角形的长形花苞，表面以弯刀划出纹路。

14 将花苞沾白胶立贴于花器上。

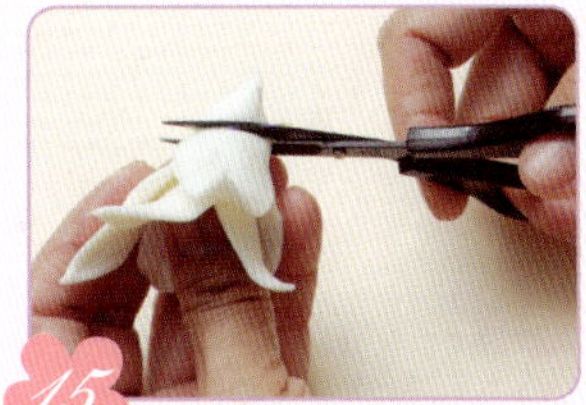

15 花朵底部需斜剪，不仅贴于花器上较为牢固，姿态也更为漂亮。

16 将底部斜剪好的花朵，逐一贴于花器上。

17 绿色土以两头尖的形态搓成细长型水滴状，然后压扁，再以工具划一中线当叶脉。

18 调好叶子的弧度，再组合于花器上。

19 细长条的藤蔓，可用圆形工具绕几圈后，即成螺旋状。

20 取适当位置，将藤蔓固定。

21 最后在花朵上加上少许花蕊，即完成百合花。

向日葵

1 黄色土搓成两头尖的长水滴状后压扁，再以工具划出双线叶纹，共做20~25片。

2 依容器的大小，用白胶依序贴上第一层的花瓣。

3 依与第一层错开的方式，贴上第二层花瓣。取咖啡色的土，贴于花心位置，再以手压出凹度。

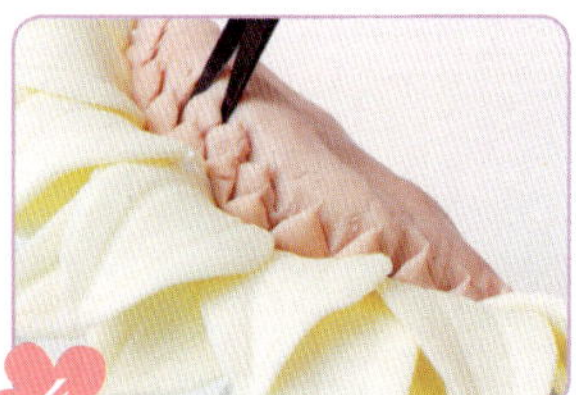

4 用剪刀依花瓣边剪出锯齿状的纹路。

5 再以7本针挑出花蕊效果。

小提示

制作花心的胖水滴与花瓣压出的面积，都能决定花朵的大小，尽量让二者紧密结合，可在花瓣的重叠处再调整一次大小。

紫藤花

1 紫色土搓成小水滴状以后压平，再用工具将土擀薄。

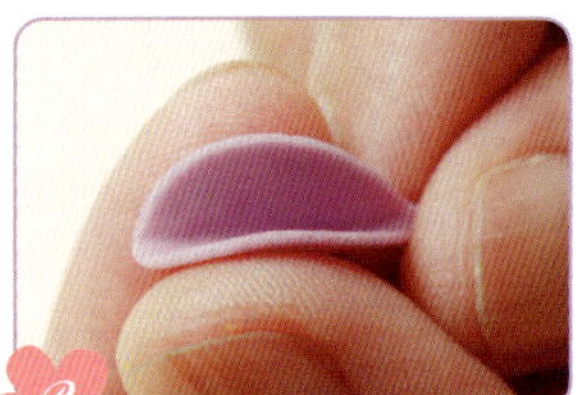

2 对折，作为第一层的花心。

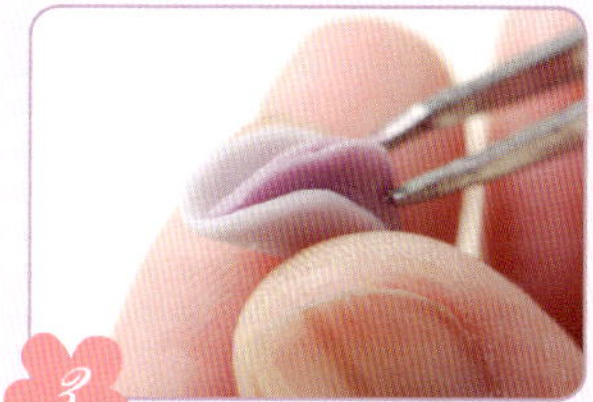

3 依步骤 1 ~ 2 做出第二层花心，但必须比第一层大。

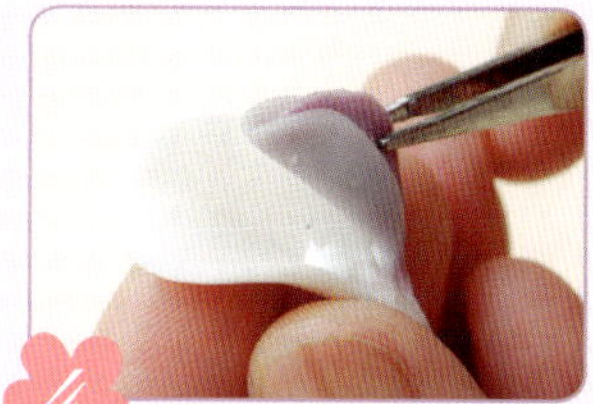

4 同上述步骤，做第三层花心，一样要比第二层大。

5 用面包泥将高脚杯打雾，再依序由小至大，由下往上贴上花朵。

6 轻土搓成细长条状贴于杯上，稍微过水，可增加黏性。再将线条拉出弧度。

7 贴上叶片即完成。

陆莲

1 胖水滴压平，以大圆棒压出弧度，做出圆形大花瓣。需做10~12瓣花瓣。

2 先将花蕊黏合成一束。再将做好的花瓣，依顺序组合于花蕊外围。

3 一边组合，一边调整，其花朵大小，是依花瓣多寡决定。

4 将花及叶子与少许垂吊式的珠珠当装饰，最后用花艺的纸胶带绕紧组合即完成。

小天使娃娃

1 黏土搓成尖圆锥型，以弯刀划出衣服线条。

2 用 7 本针挑出效果，记得插上1/2牙签以便固定头部。

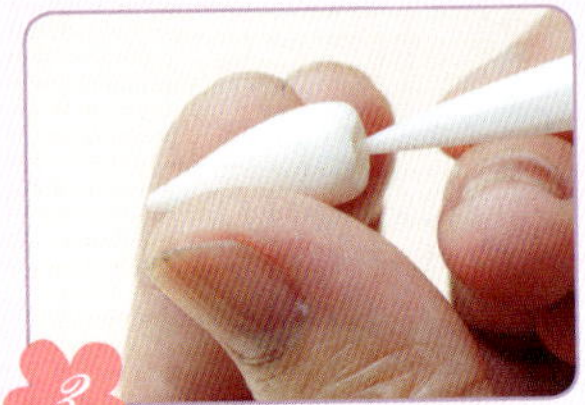

3 黏土搓成细长水滴，以白棒挖洞，做成袖子。

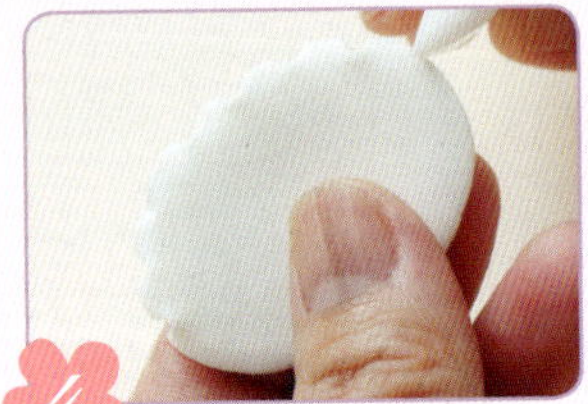

4 黏土搓成椭圆形后压扁，以白棒沿著边缘做出花边，当作衣领。

5 衣领可用白棒戳出小洞。

6 再以工具圆头做出不同效果。

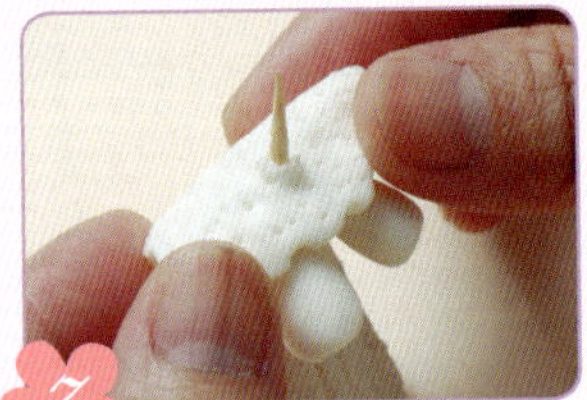

7 依序将袖子、衣领套于牙签上。

8 以双手将黏土搓出头型。

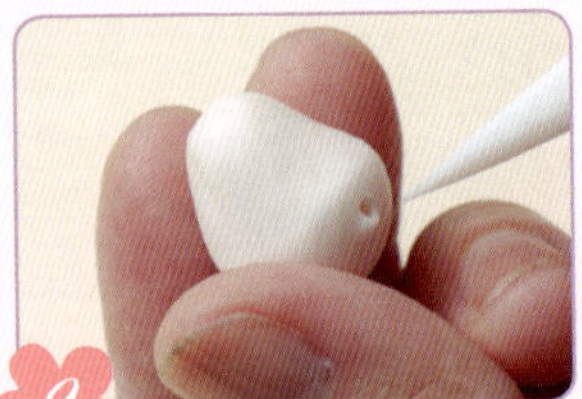

9 用白棒做出嘴的表情。

10 再将头套入牙签上。

11 脸部加上眼珠，待头部干后，黏上头发。

12 黏土搓成细长水滴，以白棒挖洞，做成袖子。

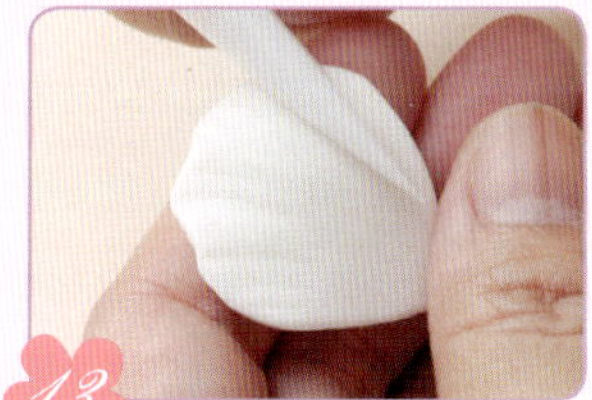

13 黏土搓成椭圆形后压扁，以白棒沿着边缘做出花边，当作衣领。

14 衣领可用白棒戳出细洞。

花仙子娃娃

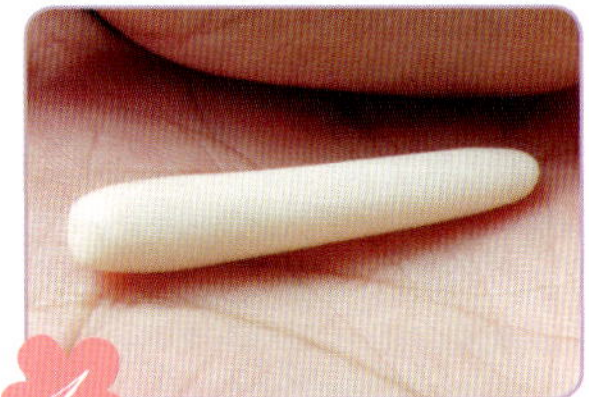

1 双手将黏土搓成2条细长条。当作脚用。

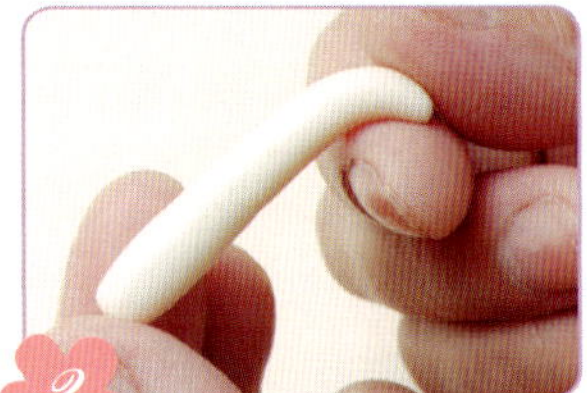

2 利用拇指与食指，做出脚掌的弧度。

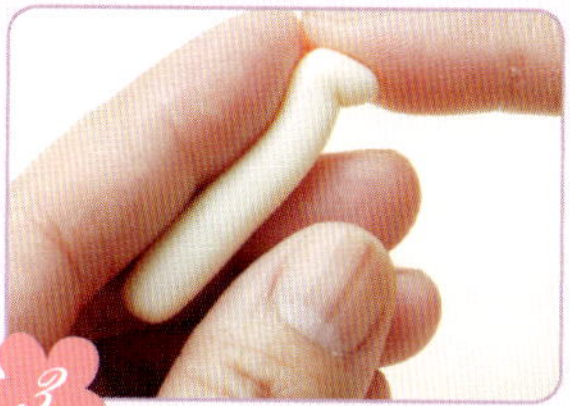

3 双手的食指，再加压加于脚跟的部位。

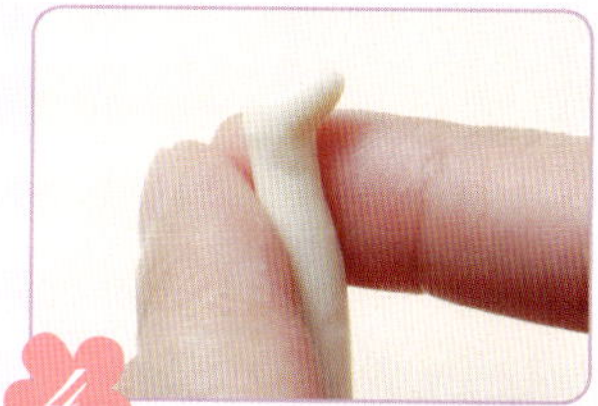

4 双手食指再搓出脚踝。

5 做好的双脚以白胶固定于器皿上。

6 胖水滴状当成身体固定于脚上，脖子可顺便拉成形。

7 搓数个细长型的水滴，压扁，即可组合成花裙子。

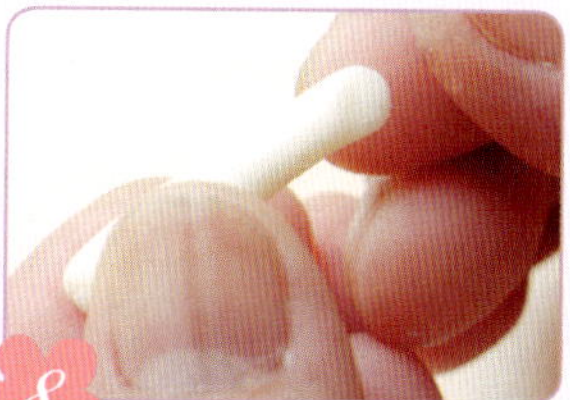

8 以食指将黏土搓成细长条，并以拇指及食指捏出手掌，共做2条。

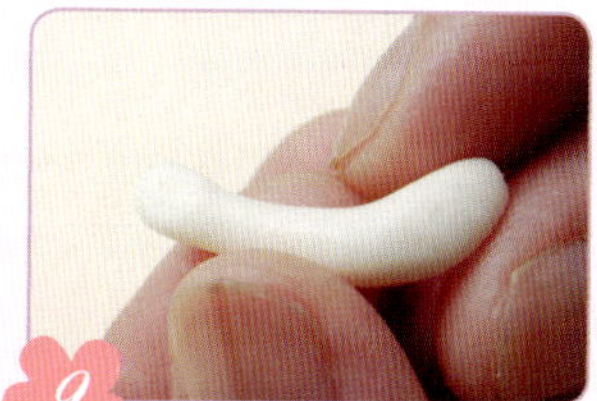

9 以手指搓出手肘弧度，再做出手臂的圆弧型。

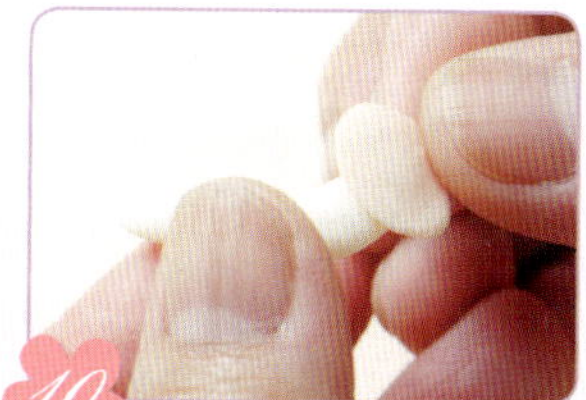

10 取少许土，做成胖水滴后压扁，作为衣袖。

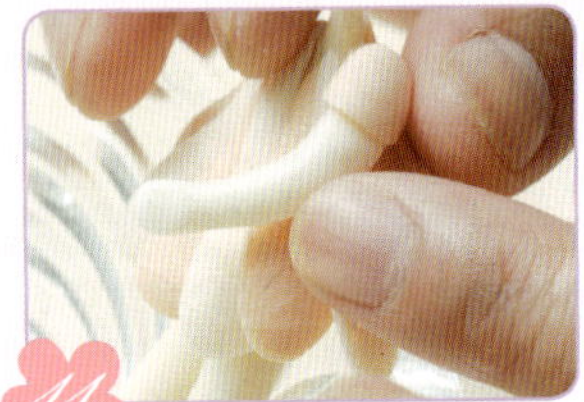

11 手臂加上衣袖后，沾上白胶贴于花裙上。

12 将黏土搓成细长条，再利用工具绕成螺旋状，做成卷头发。

13 将头发由长到短，由下往上，黏出所需的发型。

14 粉红土搓成 2 头细长形后压扁，再头尾相黏，请多做几条，再组合成一个花朵型的发饰置于头上，即完成。

小厨师娃娃

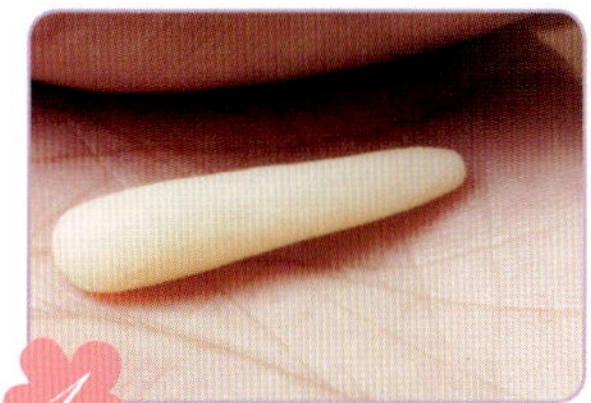

1 双手将黏土搓成细长型，须分粗细，再做成娃娃的脚。

2 做一水滴状放于双脚上，当作身体，脖子部分可顺便塑出形状来。

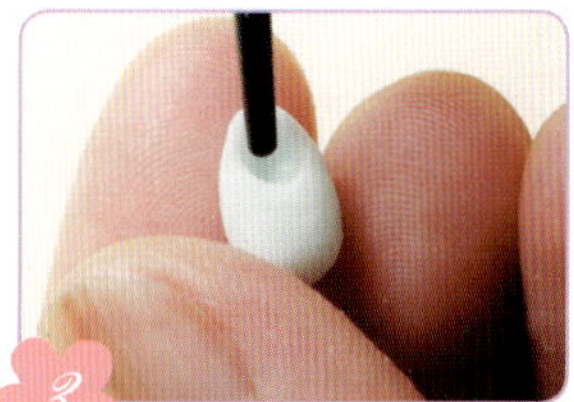

3 将黏土搓成微长型后，以圆棒压出鞋型。

4 做一长条型黏土并压扁，当作裤管。

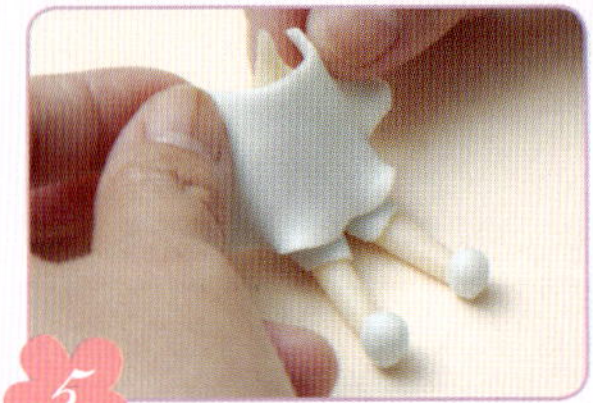

5 将梯字形黏土做成衣服。

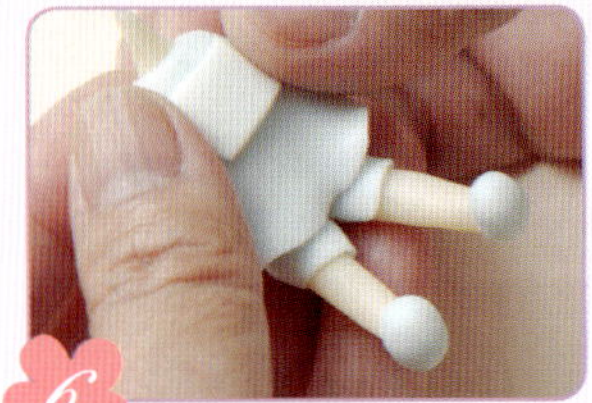

6 将小四方形白色黏土做成围兜上衣。

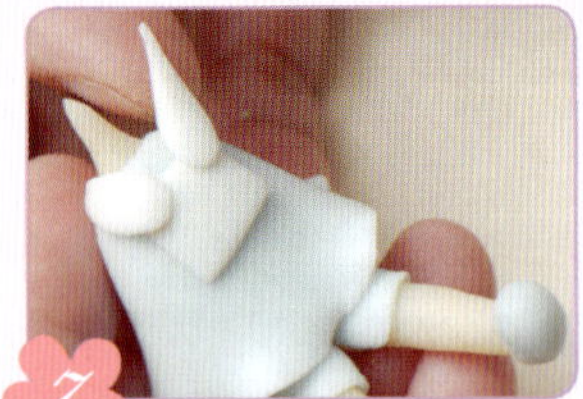

7 小水滴压扁成衣领。

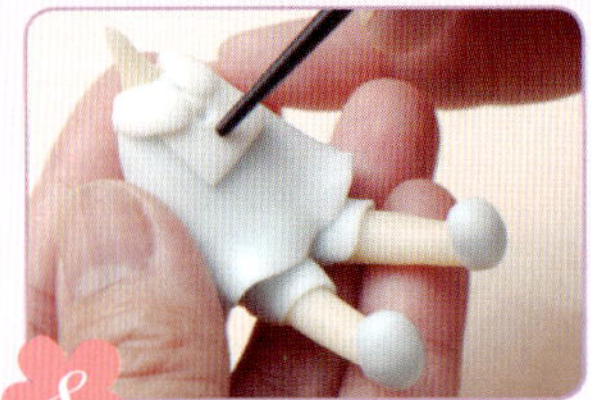

8 围兜上衣以圆棒压出2个洞做扣洞。

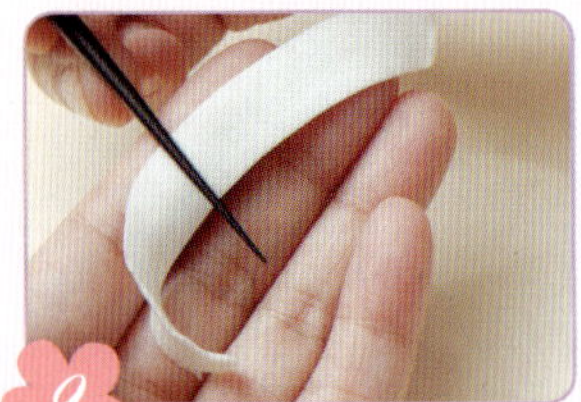

9 细长条黏土压平后，以细棒将土的边缘压薄。

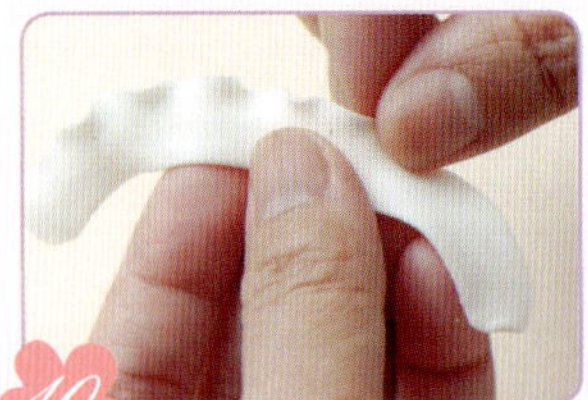

10 以拇指及食指做出波浪状。

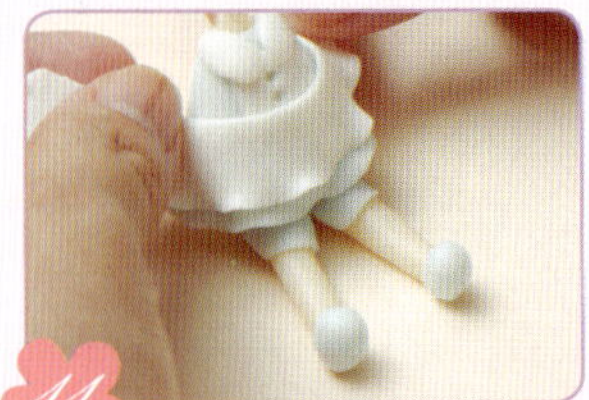

11 将第10步骤黏在身上，即成围裙。

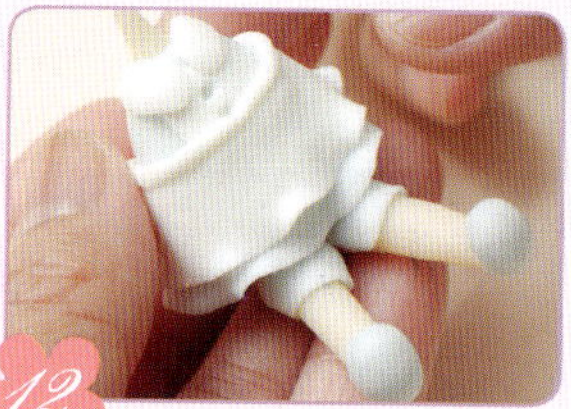

12 取少许黏土以食指搓成细长型，做成围裙带。

13 将头黏于娃娃的脖子上。

14 待头稍干，再加上头发，并以工具划出发型。

15 将黏土按平压薄，剪成三角形做头巾，用工具在头巾上做效果，即完成。

花精灵

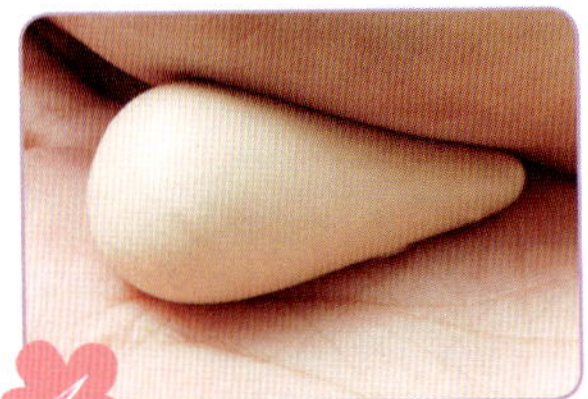

1 双手将黏土搓成水滴状。

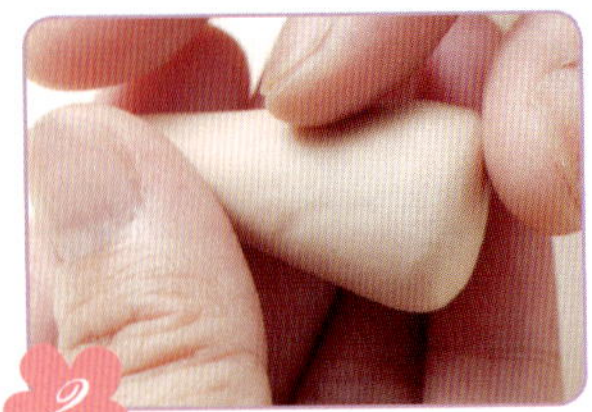

2 以手指将水滴形调整成圆锥形。

3 圆锥尖点，加上牙签，以便组合成头部，并以手指将土搓出脖子。

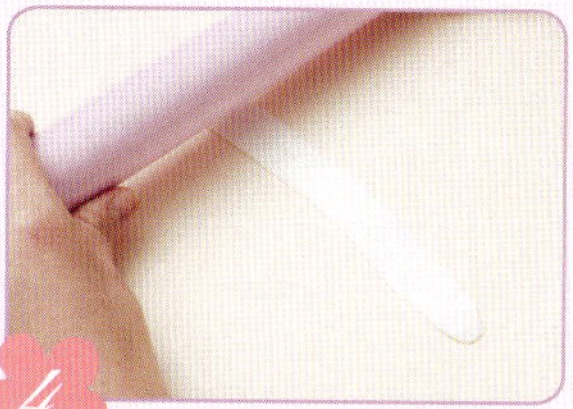

4 取少许黏土，搓细长型，以圆滚棒擀平。

5 用白棒圆头将土的边边压出不规则状。

6 以印花模，印出花纹蕾丝边。

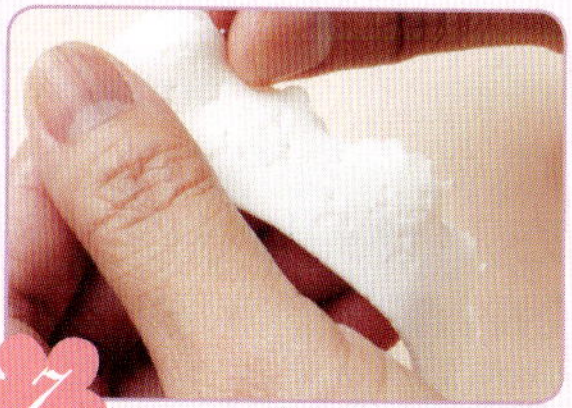

7 以手指做出波浪效果。

8 将黏土打摺成波浪裙。

9 裙摆黏于圆锥型身上。

10 依相同方式，做出不同色的裙子为佳。

11 做成三层裙摆更立体，再依步骤4做出上衣，黏於裙摆上方。

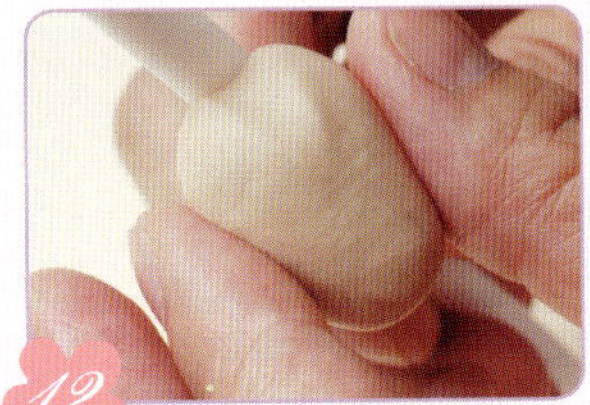

12 以白棒将黏土做出娃娃头的效果。

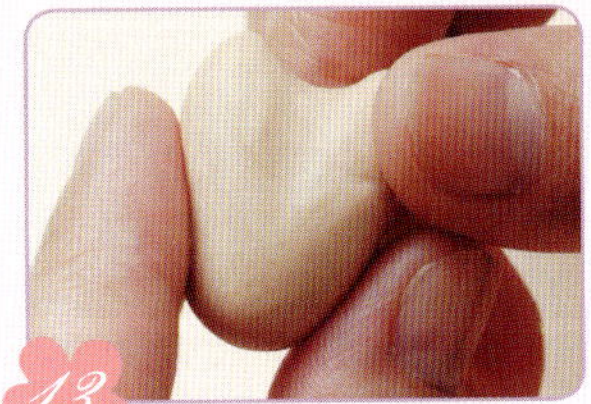

13 以手指压出娃娃头弧度。

14 用吸管压出嘴型。

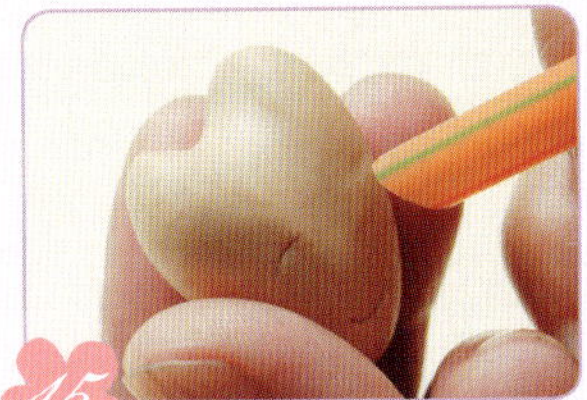

15 吸管斜剪，再压出眉型。

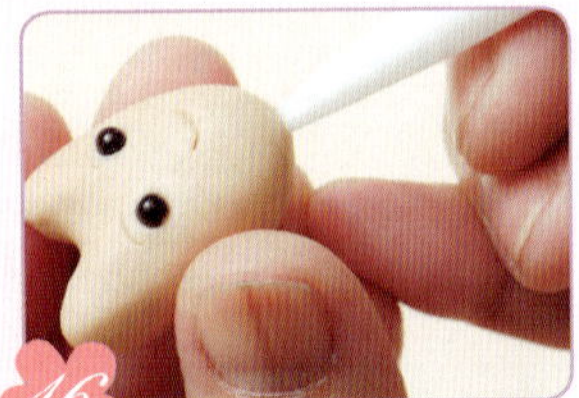

16 小珠子沾胶贴上后，再用工具在头部底下轻压出一小洞。

17 将身体与头部相接合。

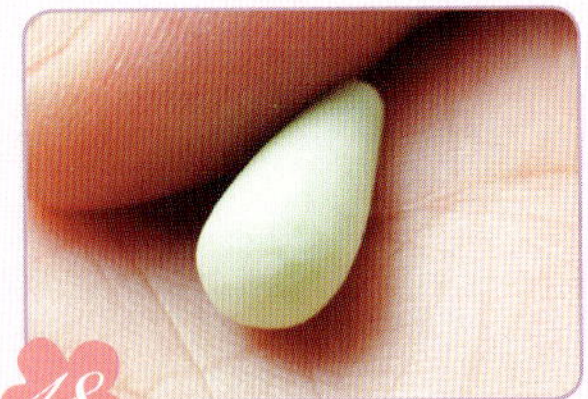

18 手指将黏土搓成水滴状。

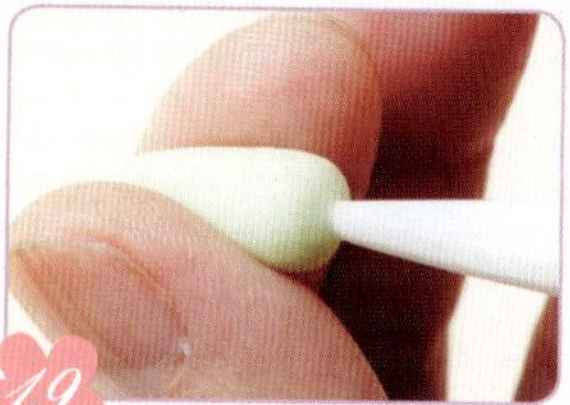

19 以工具压出一个洞当作袖子。

20 将袖子贴于娃娃身上。

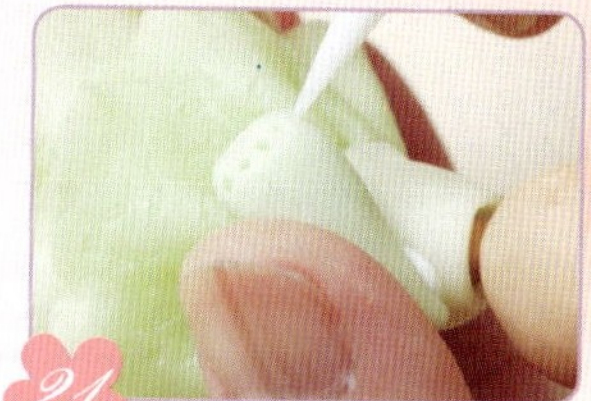

21 再用工具压出小花纹。

22 搓一小水滴，做成娃娃的手。

23 最后黏上一朵小玫瑰，即完成花精灵。